中等职业教育改革发展示范学校建设项目成果教材

工业机器人应用与维护职业认知

广州市机电高级技工学校　组编

主　编　张善燕

参　编　赖圣君　李　阳

主　审　丁红浩

机　械　工　业　出　版　社

本书是根据国家中等职业教育改革发展示范学校建设计划的精神，以提高人才培养质量为宗旨，以创新教学内容为核心，通过联合学校教师、企业专家组建“校企合一”课程开发团队，基于工学结合一体化的课程理念进行开发的。

本书内容包括工业机器人发展历程认知、工业机器人企业认知、工业机器人应用与维护专业认知及职业生涯规划，通过引导工业机器人应用与维护专业学生，根据专业报告的学习、资料的查找、企业的参观和专家的指导等，制订发展历程认知、企业认知、专业认知、职业生涯规划的工作方案，通过实施认知工作方案，撰写工业机器人认知报告并制订职业生涯规划，建立对工业机器人应用与维护行业的职业认同感。

本书可作为中等职业学校机电一体化专业（工业机器人应用与维护方向）的教材，也可作为工业机器人应用企业新进员工岗位培训参考资料。

图书在版编目（CIP）数据

工业机器人应用与维护职业认知/张善燕主编；广州市机电高级技工学校组编．—北京：机械工业出版社，2013.8（2024.7 重印）
中等职业教育改革发展示范学校建设项目成果教材
ISBN 978-7-111-43665-2

Ⅰ.①工…　Ⅱ.①张…②广…　Ⅲ.①工业机器人-应用-中等专业学校-教材②工业机器人-维修-中等专业学校-教材　Ⅳ.①TP242.2

中国版本图书馆 CIP 数据核字（2013）第 187356 号

机械工业出版社（北京市百万庄大街 22 号　邮政编码 100037）
策划编辑：齐志刚　责任编辑：王莉娜　张云鹏　版式设计：霍永明
责任校对：张　媛　封面设计：路恩中　责任印制：张　博
北京雁林吉兆印刷有限公司印刷
2024 年 7 月第 1 版第 13 次印刷
184mm×260mm・5.25 印张・117 千字
标准书号：ISBN 978-7-111-43665-2
定价：18.00 元

电话服务　　　　　　　　网络服务
客服电话：010-88361066　机　工　官　网：www.cmpbook.com
　　　　　010-88379833　机　工　官　博：weibo.com/cmp1952
　　　　　010-68326294　金　　书　　网：www.golden-book.com
封底无防伪标均为盗版　机工教育服务网：www.cmpedu.com

示范学校建设项目成果教材
编审委员会

前 言

为了大力推进中等职业教育改革创新，全面提高教学质量，经国务院批准，教育部、人力资源和社会保障部、财政部联合印发了《关于实施国家中等职业教育改革发展示范学校建设计划的意见》，它对改革培养模式、创新教学内容等方面提出了明确的要求。本书正是根据国家中等职业教育改革发展示范学校建设计划的精神，以提高人才培养质量为宗旨，以创新教学内容为核心，通过联合学校教师、企业专家组建“校企合一”课程开发团队，基于工学结合一体化的课程理念进行开发的。

本课程使学生的学习场所和学习方法发生了改变。它带领学生离开教室，离开实训工场，感受工业机器人行业的发展，让学生亲临企业现场体验企业的文化和价值，给予他们指导的不仅仅是老师，还有企业的工程师、管理人员和技术人员。本书变灌输为激励，让学生以学习本专业为荣，并制订自我成长的职业生涯规划。

本书在内容处理上主要有以下特点：

1. 本书是工业机器人应用与维护专业的入门教材，不涉及工业机器人的具体操作。

2. 通过引导的方法，使学生建立工业机器人职业认同感，而不是教会学生某些机器人的操作技术。

3. 工业机器人的操作技术将在后续课程中展开。

全书共 4 个任务，由张善燕主编并统稿。参加本书编写的有广州市机电高级技工学校赖圣君和李阳，以及珠海汉迪自动化设备有限公司和佛山立讯达机器人有限公司的工作人员。在编写过程中，得到国家工业机器人行业专家的大力支持，在此一并致谢！

感谢广州市教研室、学校领导、研究所的指导和工业机器人课题组全体成员的大力支持和指导。由于编者知识和能力有限，书中难免有疏漏，甚至不当之处，敬请广大读者提出批评和修改意见。

编　者

目 录

任务1　工业机器人发展历程认知

任务目标

1. 制订行业调研工作计划。
2. 通过查阅工业机器人发展历程的资料，整理出工业机器人的发展阶段。
3. 通过查阅资料，归纳工业机器人发展各阶段的行业特点及应用情况。
4. 整理归纳现有国内外市场各大工业机器人的品牌。
5. 总结工业机器人国内外发展的趋势。

建议学时

12 学时。

内容结构

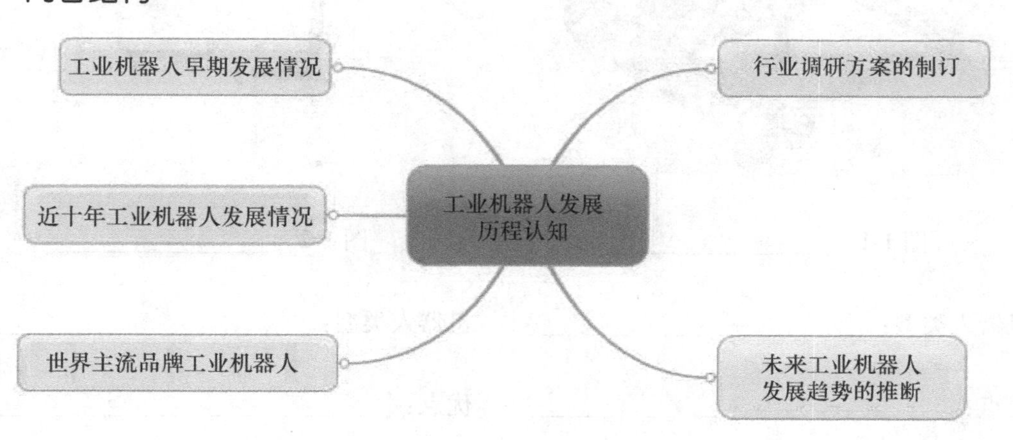

任务描述

工业机器人的诞生和机器人学的建立及发展，是20世纪自动控制领域最具说服力的成就，是20世纪人类科学技术进步的重大成果，工业机器人的应用已经成为促进世界制造业发展的重要方式。作为工业机器人应用与维护专业的学生，必须了解机器人的发展历程，整理形成《工业机器人发展历程》专题报告，初步建立工业机器人应用的职业认同感。

第一部分 任务准备

一、收集信息

引导问题 你了解工业机器人应用行业吗？

1. 你知道工业机器人有哪几种类型，它们都有些什么特点吗？请填写图1-1～图1-4所示机器人的名称，说明各机器人的类型及其优缺点。

1）

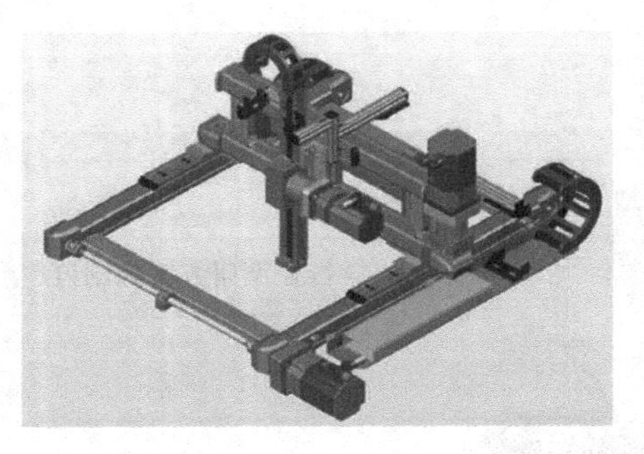

图1-1 ________________

机器人类型：________________

优点：________________

____

缺点：________________

____

2）

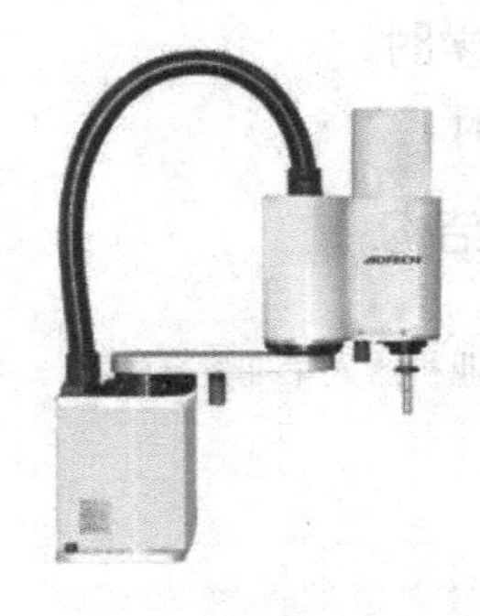

图1-2 ________________

机器人类型：________________

优点：________________

____

缺点：________________

____

3）

图 1-3 ______________

机器人类型：______________

优点：______________

____

缺点：______________

____

4）

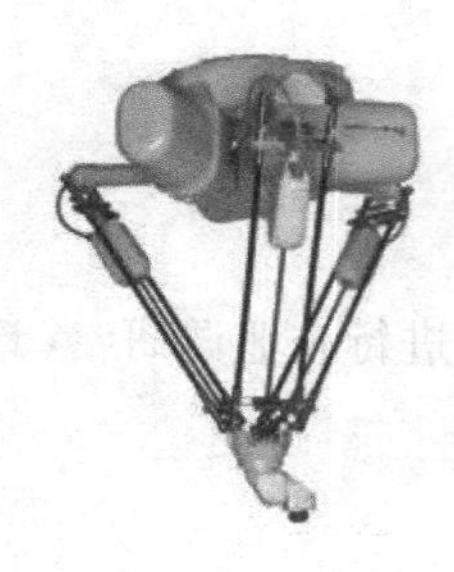

图 1-4 ______________

机器人类型：______________

优点：______________

____

缺点：______________

____

2. 请说明一下你为什么选择工业机器人应用与维护专业？

3. 你是通过什么方式知道工业机器人应用与维护专业的？

二、整理资料，制订计划

引导问题 工业机器人是一个有非常好的发展前景的行业。作为工业机器人应用与维护专业的学生，应如何更加深入地了解机器人的发展情况？

1. 想更进一步了解工业机器人的发展，你有什么方法帮助自己实现这个愿望呢？

1）如何进行网络调研？（请说明该方法的优缺点及实施的注意事项）

2）如何进行企业调研？（请说明该方法的优缺点及实施的注意事项）

3）如何参加专业讲座？（请说明该方法的优缺点及实施的注意事项）

4）如何邀请专家研讨？（请说明该方法的优缺点及实施的注意事项）

5）如何分析专业文献？（请说明该方法的优缺点及实施的注意事项）

2. 请在下方空白处把你的工作计划列出来。

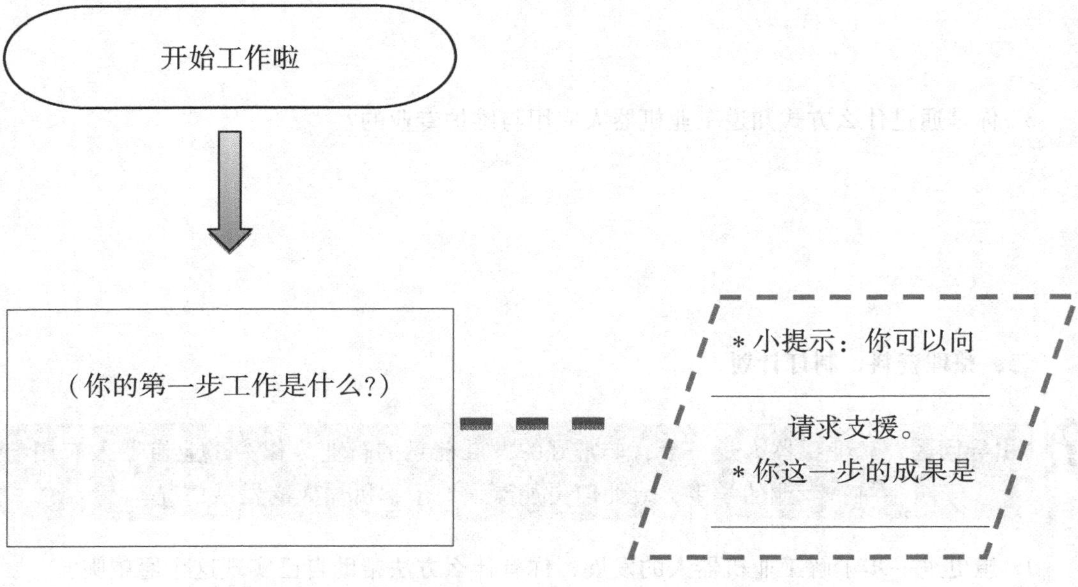

开始工作啦

（你的第一步工作是什么？）

* 小提示：你可以向 ________ 请求支援。
* 你这一步的成果是 ________

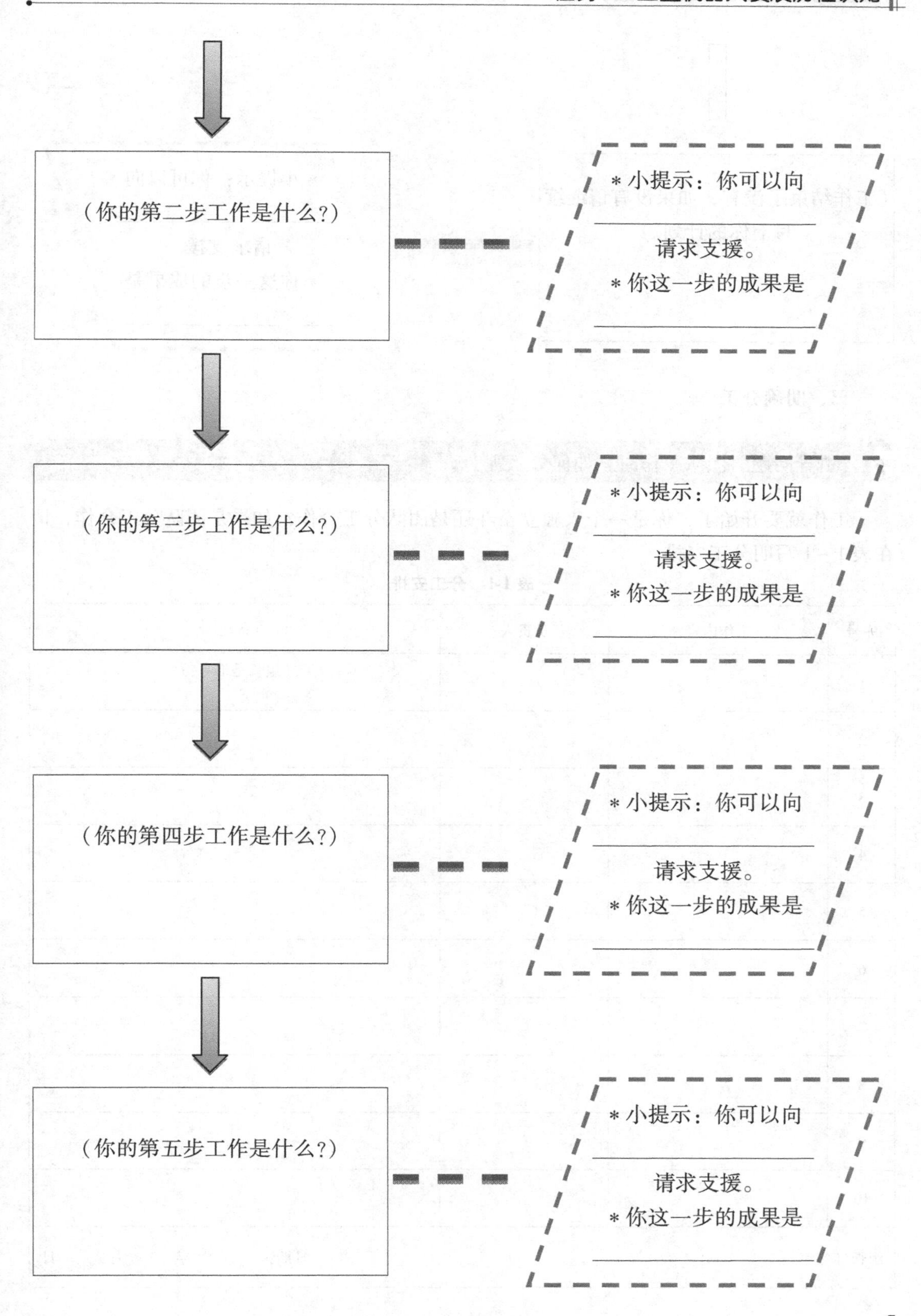
（你的第二步工作是什么？）
＊小提示：你可以向
请求支援。
＊你这一步的成果是
（你的第三步工作是什么？）
＊小提示：你可以向
请求支援。
＊你这一步的成果是
（你的第四步工作是什么？）
＊小提示：你可以向
请求支援。
＊你这一步的成果是
（你的第五步工作是什么？）
＊小提示：你可以向
请求支援。
＊你这一步的成果是

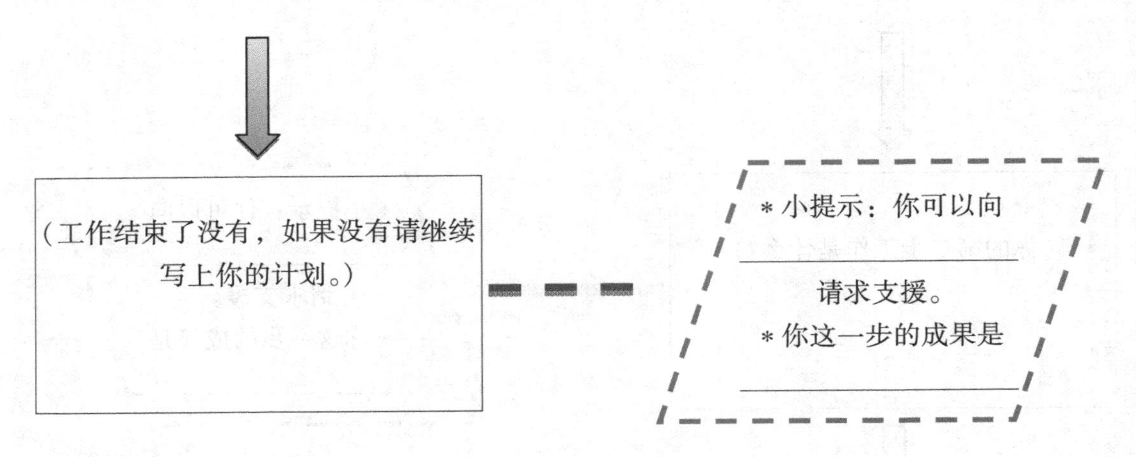

三、明确分工

引导问题 团队工作时，如何分工呢？

工作就要开始了，你是一个人独立奋斗还是团队分工合作？如果是团队分工合作，请在表 1－1 写明分工安排。

表 1-1 分工安排

序号	工作内容	负责人	备注
1			（组长是谁呀？）
2			
3			
4			
5			
6			
7			
8			
9			
10			
组长（签字）：			日期：　　年　　月　　日

第二部分　计划与实施

引导问题　你知道吗，机器人技术是多门现代科学与技术交叉和综合的体现，是经过3000多年发展积累的成果。

1. 早期机器人的发展

近3000年前的西周时期，一名巧匠偃师献给周穆王一个____________，一个能歌善舞的机器人，它揭开了早期机器人开发的序幕。

时间来到春秋时期，被称为木匠祖师爷的鲁班，利用竹子和木料制造出一个____________，它能在空中飞行“三日不下”。自此，机器人从地面飞到了空中。

东汉时期，我国大科学家张衡，不仅发明了震惊世界的“候风地动仪”，还发明了测量路程用的____________，车上装有木人、鼓和钟，每走1里，击鼓1次，每走10里击钟一次，奇妙无比。

三国时期的军事家、发明家诸葛亮，成功创造出____________，可以运送军用物资，成为最早的陆地军用机器人。

在公元前2世纪的文献中，描写过一个具有类似机器人角色的____________，这些角色能够在宫廷仪式上进行舞蹈和列队表演。

公元前3世纪，古希腊发明家戴达罗斯用青铜为克里特岛国王迈诺斯塑造了一个守卫宝岛的________________。

1662年，日本人竹田近江，利用钟表技术发明了能进行表演的__________；到了18世纪，日本人若井源大卫门和源信，对该玩偶进行了改进，制造出了端茶玩偶。该玩偶双手端着茶盘，当将茶杯放到茶盘上后，它就会走向客人并将茶送上，客人取茶杯时，它会自动停止走动，待客人喝完茶将茶杯放回茶盘之后，它就会转回原来的地方。

法国的天才技师杰克·戴·瓦克逊，于1738年发明了一只____________，它会游泳、喝水、吃东西和排泄，还会嘎嘎叫。

瑞士钟表名匠德罗斯父子三人于公元1768年至1774年间，设计制造出三个像真人一样大小的机器人——写字偶人、________________和________________。同时，还有德国梅林制造的巨型泥塑偶人“巨龙格雷姆”。此外，还有日本物理学家细川半藏设计的各种自动机械图形，法国杰夸特设计的机械式可编程织造机等。

1770年，美国科学家发明了一种________________，一到整点，这种鸟的翅膀、头和喙便开始运动，同时发出叫声。

1893年，加拿大摩尔设计的能行走的机器人________________，是以蒸汽为动力的。

2. 近代机器人的发展

（1）近代机器人的发展，国外引领潮流　工业机器人的最早研究可追溯到第二次世界大战后不久。在____________年代后期，橡树岭和阿尔贡国家实验室就已开始实施计划，研制遥控式机械手，用于搬运放射性材料。

1950 年美国著名科学幻想小说家阿西莫夫在他的小说《我是机器人》中，首先使用机器人学____________这个词来描述与机器人有关的科学，并提出了有名的机器人三守则。

守则一：____

守则二：____

守则三：____

1958 年，被誉为“工业机器人之父”的约瑟夫·英格伯格（Joseph F. Engel Berger）创建了世界上第一个机器人公司——Unimation（Universal Automation）公司，并参与设计了第一台____________工业机器人。

20 世纪 60 年代至 20 世纪 70 年代是机器人发展最快、最好的时期，这期间的各项研究发明有效地推动了机器人技术的发展和推广。据统计，到 1980 年全世界约有____________台工业机器人在工业中应用。

20 世纪 80 年代，工业机器人的生产保持着 20 世纪 70 年代后期的发展势头。20 世纪 80 年代中期机器人制造业成为发展最快和最好的经济部门，工业机器人在制造业中开始普及，工业化国家的工业机器人产值以年均____________的增长率上升。1984 年全世界工业机器人使用总台数是 1980 年的 4 倍，到 1985 年底，这一数字已达到____________台，1990 年达到____________台左右，其中高性能的工业机器人所占比例不断增加，特别是各种装配机器人的产量增长较快，与机器人配套使用的机器视觉技术及装置也迅速发展。现在全世界服役的工业机器人总数在____________台以上。此外，还有数百万的服务机器人在运行。

至此，人们开始对机器人的发展进行总结。根据机器人的特性，按照机器人发展的历程，把机器人划分为三代。

➢ 第一代____________机器人：可以根据操作员所编的程序，完成简单的重复性操作。这一代机器人从 20 世纪 60 年代后期开始投入使用，目前在工业界得到了广泛的应用。

➢ 第二代____________机器人（即自适应机器人）：具有不同程度的“感知”能力，目前在工业界已有应用。

➢ 第三代____________机器人：具有识别、推理、规划和学习等智能机制，可以把感知和行动智能化结合起来，能在非特定环境下作业。目前处于试验阶段。

（2）国内机器人发展迅速　我国机器人的研制始于 20 世纪 50 年代，至今已经走过萌芽期（20 世纪 50 年代～20 世纪 70 年代）、开发期（20 世纪 80 年代）和实用期（20 世纪 90 年代）三个时期，现在已经进入第四个时期，即拓广发展期（2000 年至今）。

在拓广发展期，我国机器人进入了高速发展的阶段。2000 年，我国工业机器人的拥有量为____________台左右，销售额为6.7亿元；2005年，我国工业机器人拥有量已达____________台，年销售额增长至28.7亿元；2006年，新安装量达____________台，2007年为____________台，2008年为____________台，2009年受金融危机的影响，新安装量有所下降，为____________台，2010年这一数字非常惊人地突破了____________台，超过美国，成为世界第四大机器人市场，2011年，我国进口机器人达____________台，机器人的绝对增量仅落后于日、韩，排名全球第三。

工业机器人在珠江三角洲的发展得益于该区域发达的经济和完善的制造业体系，总量约占全国的三分之一。在城市间的分布，以深圳和广州最为突出。2011年，深圳有机器人企业63家，产值达____________。广州得益于日系三大汽车巨头的投资和发展，工业机器人的应用规模异常巨大。

（3）国内外比较，我国工业机器人发展空间巨大　从图1-5所示世界主要国家2010年汽车工业每百万生产工人占有工业机器人情况比较中可知，我国机器人应用规模与国外差距甚大，发展空间巨大。

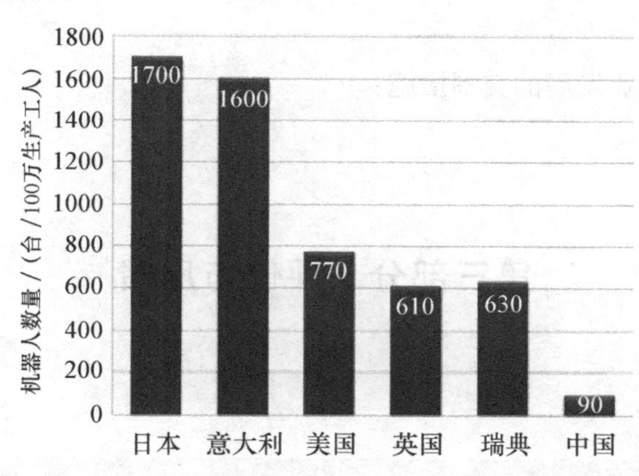

图1-5　2010年汽车工业每百万生产工人占有工业机器人数量

3. 世界主流工业机器人品牌

经过多年的发展，工业机器人已经越来越多地被采用。你知道在全球都有哪些机器人企业和品牌吗？请完成表1-2。

表1-2　世界主流工业机器人品牌

工业机器人品牌	所属国家/地区	工业机器人品牌	所属国家/地区
填写人：		日期：　　年　　月　　日	

4. 我国制造业的发展

经过多年的发展，我国经济建设取得了举世瞩目的成就，被称为世界制造工厂，请同学们谈一下我国制造业的发展情况。

1）我国当前制造业发展的特点：

2）我国当前制造业发展的困难：

3）我国当前制造业发展的突围措施：

第三部分　评价与反馈

一、撰写报告

引导问题　现在你对工业机器人发展有所了解了吗？

大家认为工业机器人在我国的发展前景如何？是朝阳行业还是夕阳行业？请同学们在写一篇关于工业机器人行业发展情况的报告，并粘贴下面空白处。

工业机器人行业
发展情况报告
粘贴处

工业机器人行业
发展情况报告
粘贴处

工业机器人行业
发展情况报告
粘贴处

二、报告审阅

引导问题 你的企业认知报告完整科学吗?

工业机器人企业认知有时间和地域的限制，请再次阅读你的企业认知报告，填写表1-3。

表1-3 认知报告评价

1	对早期机器人发展情况是否总结	□是 □否
2	对国外机器人发展情况是否总结	□是 □否
3	对中国工业机器人发展是否总结	□是 □否
4	对工业机器人发展规律是否总结	□是 □否

引导问题 你对自己的表现满意吗?对小组的合作有什么好的建议吗?老师有什么样的评价呢?

你对自己在行业认知学习任务中的表现和学习效果，以及组内成员的表现满意吗?请在表1-4中给自己的表现打分。注意，诚实是种美德!

表1-4 自我评价表

序号	评价内容	满意度（满意请打“√”）	备注
1	学习活动的参与程度		
2	语言的规范程度		
3	小组分工的合理性（若不满意，请在备注栏写明原因）		
4	与同学们相处的融洽程度		
5	在完成学习任务中的作用（在备注栏写明具体作用）		
6	工作页的完成情况（若未完成，请在备注栏写明原因）		
7	对工业机器人行业发展的了解（在备注栏写明欠缺部分）		
8	工业机器人行业发展报告的质量		
9	组内成员在学习活动中的表现（若不满意，请在备注栏写明原因）		

（续）

小计满意项目总数：__________ 自评人签名：__________　　　　日期：__________
你觉得自己的表现还有改进的空间吗？如果有，请在下面写明存在的问题和改进措施。（提示：找到不足，并改进，会让你成长更快，这是成功人的必经之路）

世上没有完美的人，但有完美的团队。具有良好的团队精神是每个成功人必备的素质！你想了解团队其他成员对你的评价，帮助你找到不足，助力你更快成长吗？马上请组长安排队友帮帮你！完成表1-5。

表1-5　小组内互评表

序号	评价内容	满意度 （满意请打“√”）	备注
1	学习活动的参与程度		
2	语言的规范程度		
3	与同学们相处的融洽程度		
4	在完成学习任务中的作用 （在备注栏写明具体作用）		
5	对工业机器人行业发展的了解 （在备注栏写明欠缺部分）		
6	工业机器人行业发展报告的质量		
7	组内成员在学习活动中的表现 （若不满意，请在备注栏写明原因）		

（续）

小计满意项目总数：＿＿＿＿＿＿ 评价人签名：＿＿＿＿＿＿＿＿＿＿　　　　日期：＿＿＿＿＿＿＿＿＿＿
你觉得＿＿＿＿＿同学的表现还有改进的空间吗？如果有，请在下面写明存在的问题和改进建议。（提示：成就别人，也是成就自己）

你想知道教师对你的评价吗？（表1-6）

表1-6　教师评价表

序号	评价内容	满意度（满意请打“√”）	备注
1	学习活动的参与程度		
2	语言的规范程度		
3	小组分工的合理性		
4	与同学们相处的融洽程度		
5	在完成学习任务中的作用		
6	工作页的完成情况		
7	对工业机器人行业发展的了解		
8	工业机器人行业发展报告的质量		
9	组内成员在学习活动中的表现		

（续）

小计满意项目总数：__________ 教师签名：____________________　　　　　　　　日期：____________________
其他问题及改进建议：

三、学习拓展

请预测工业机器人行业未来几十年在国内的发展。

任务2　工业机器人企业认知

任务目标

1. 通过网络查询，收集工业机器人行业三大类型企业的信息。

2. 以小组合作的方式制订工业机器人企业认知的工作计划。

3. 通过现场参观，与企业人员交流等活动，了解工业机器人企业的工作环境，总结工业机器人企业对技术人才的需求和要求，明确工业机器人应用与维护各工作岗位的内容和价值。

4. 在教师的指导下完成工业机器人企业认知报告。

建议学时

18学时。

内容结构

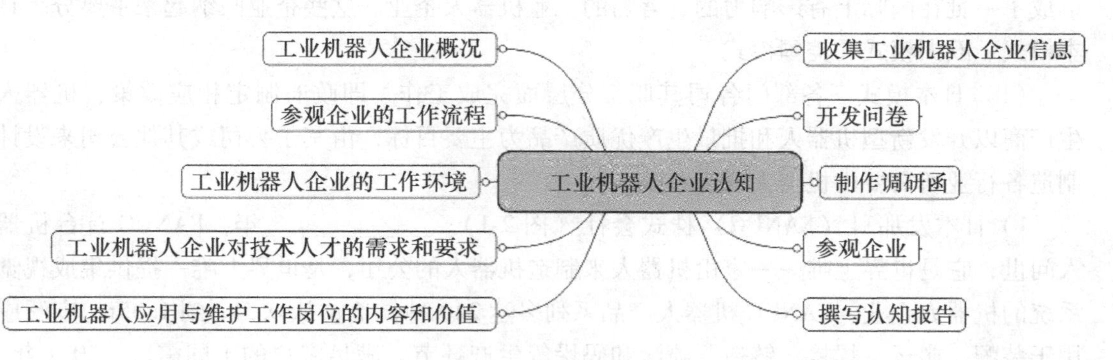

任务描述

在老师的指导下，通过网络查询的方式，收集机器人企业信息；以小组合作的方式制订企业认知工作计划；通过现场参观、与企业人员交流等活动，了解工业机器人企业的工作环境，总结工业机器人企业对技术人才的需求和要求，明确工业机器人应用与维护工作岗位的内容和价值；在调研结束后，撰写一份完整的工业机器人企业调研报告。在现场参观过程中，必须严格遵守现场管理规定和安全要求。

第一部分　任务准备

引导问题　你知道世界上有哪些著名的工业机器人企业吗？

工业机器人是集机械、电子、控制、计算机、传感器和人工智能等多种先进技术于一体的现代制造业重要的自动化装备。自从1962年美国研制出世界上第一台工业机器人以来，机器人技术及其产品发展很快，已成为柔性制造系统（FMS）、自动化工厂（FA）及计算机集成制造系统（CIMS）的自动化工具。

工业机器人应用与维护专业培养的学生毕业后将面向三种类型的企业，即机器人生产商、机器人系统集成商和最终用户，这些企业规模大小不一，且分布在世界各地，它们都在为世界工业的发展发挥着自己的作用。请通过网络查询了解它们的基本情况，并把相关信息记录下来。

1. 在国外，工业机器人技术日趋成熟，已经成为标准设备而得到广泛应用，因此也形成了一批在国际上有影响力的、著名的工业机器人企业。这些企业归纳起来主要分为日本模式、欧洲模式和美国模式。

（1）日本模式　各部门各司其职，分层面完成工作，即政府制定相应政策，机器人生产商以开发新型机器人和批量生产优质产品为主要目标，由其子公司或其他公司来设计制造各行业所需要的机器人成套系统。

1）日本发那科（FANUC）株式会社（图2-1）。___________年，FANUC首台机器人问世，它是世界上唯一一家由机器人来制造机器人的公司，是世界上唯一提供集成视觉系统的机器人企业。FANUC机器人产品系列多达240种，负重从0.5kg到1.35t，广泛应用于装配、搬运、焊接、铸造、喷涂和码垛等生产环节，满足客户的不同需求。2011年，

图2-1　日本发那科（FANUC）株式会社

FANUC 全球机器人装机量已超____________万台，市场份额稳居第__________。

公司地址：____。

公司网址：____。

主要产品：____

____

____。

2）上海发那科机器人有限公司（图 2-2）成立于__________年。它是由上海电气集团与日本 FANUC 株式会社联合组建的高科技合资企业。经过 10 多年的发展，公司已发展成为一个拥有成熟的精英团队，并在行业内具有良好竞争力的实力公司。该公司主要从事机器人、智能机器及包含机器人的自动化成套生产系统的销售、安装和保养，为客户提供各种以日本 FANUC 先进技术为基础的生产自动化系统的设计、生产、销售、技术培训及高品质的应用和维修等全方位服务。

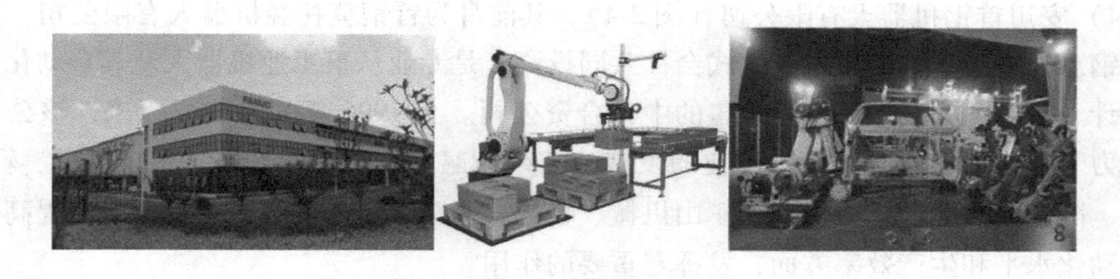

图 2-2　上海发那科机器人有限公司

公司地址：____。

公司网址：____。

主要产品：____

____

____。

3）日本安川（Yaskawa）电机株式会社（图 2-3）自 1977 年研制出第一台全电动工业机器人以来，已有 36 年的机器人研发生产历史，其核心的工业机器人产品包括点焊和弧焊机器人、油漆和处理机器人、LCD 玻璃板传输机器人和半导体晶片传输机器人等。它是将工业机器人应用到半导体生产领域的最早的厂商。

图 2-3　日本安川（Yaskawa）电机株式会社

公司地址：____。

公司网址：____。

主要产品：____

____。

4）安川首钢机器人有限公司（图 2-4），其前身为首钢莫托曼机器人有限公司，由中国首钢总公司和日本安川电机株式会社共同投资，是专业从事工业机器人及其自动化生产线设计、制造、安装、调试及销售的中日合资公司。自 1996 年 8 月成立以来，该公司始终致力于中国机器人应用技术产业的发展，其产品遍布汽车、摩托车、家电、IT、轻工、烟草、陶瓷、冶金、工程机械、矿山机械、物流、机车、液晶和环保等行业，在提高制造业自动化水平和生产效率方面，发挥着重要的作用。

图 2-4　安川首钢机器人有限公司

公司地址：____。

公司网址：____。

主要产品：____

____

____

____。

（2）欧洲模式 一揽子工程，即机器人的生产和用户所需要的系统设计制造全部由机器人制造厂商自己完成。

1）ABB集团（图2-5）是全球500强企业，集团总部位于瑞士苏黎世。ABB由两个历史一百多年的国际性企业——瑞典的阿西亚公司（ASEA）和瑞士的布朗勃法瑞公司（BBC Brown Boveri）在1988年合并而成。两公司分别成立于1883年和1891年。ABB是电力和自动化技术领域的领导厂商。ABB的技术可以帮助电力、公共事业和工业客户提高业绩，同时降低对环境的不良影响。ABB集团业务遍布全球100多个国家，拥有14.5万名员工，2012年销售收入约为390亿美元。

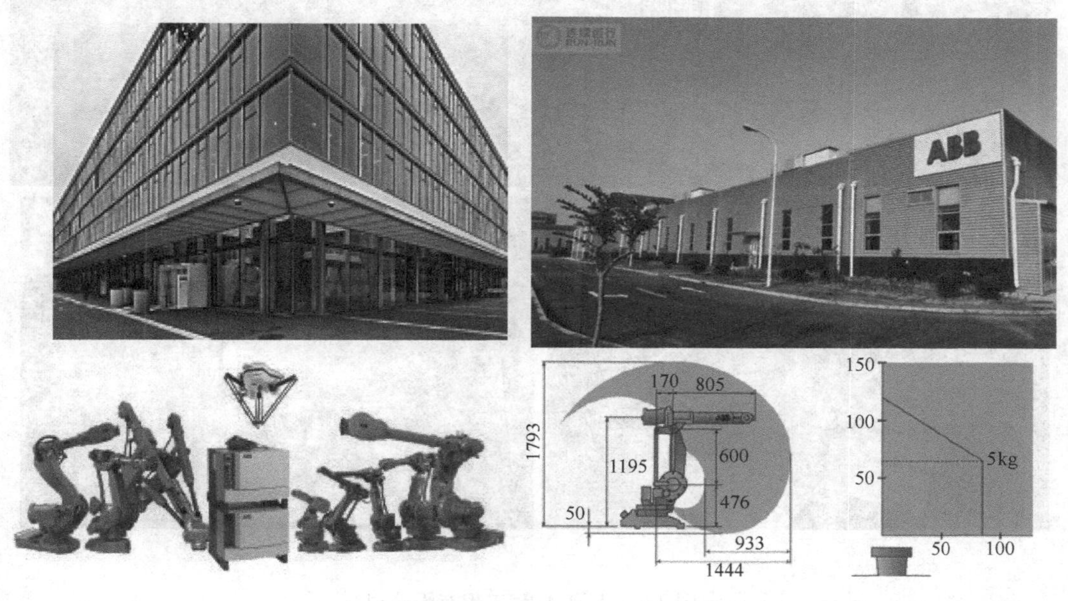

图2-5 ABB集团

公司地址：____。

公司网址：____。

主要产品：____

____

____

____。

2）上海 ABB 工程有限公司（图 2-6）成立于__________年，是 ABB 独资企业。公司位于上海浦东康桥工业区，占地面积达 10 万 m^2，包括建筑面积 72000m^2 的生产和办公区域，目前拥有 2000 名员工。上海 ABB 工程有限公司是 ABB 的重要本地企业之一，是 ABB 在我国工业机器人及系统业务（离散自动化与运动控制）、仪器仪表（过程自动化）、变电站自动化系统（电力系统）和集成分析系统（过程自动化）的主要生产工程基地。上海 ABB 工程有限公司自 2008 年起连续三年跻身“中国工业电气 100 强企业”之列。

图 2-6　上海 ABB 工程有限公司

公司地址：____。

公司网址：____。

主要产品：____

____

____

____。

3）库卡（KUKA）机器人集团（图2-7）。奥格斯堡为该公司总部的所在地，目前拥有1000多名员工，为各行业，如汽车制造、航空航天业、新能源及其他工业领域的自动化解决方案而工作。工程规划、机械电子建设、全球采购、项目管理、本地装配及现场调试、培训等均属于其服务范畴。针对基于机器人自动化的创新设备工具，如夹具、焊接包，或用于粘合、密封、钻孔、铆接的机器人末端执行器，也包括在库卡的产品中，此外还包括将这些模块独立整合到自动化生产单位，甚至于完整生产线上的技术服务。

图2-7　库卡（KUKA）机器人集团

公司地址：____。

公司网址：____。

主要产品：____

____

____

____

____。

4）库卡机器人（上海）有限公司（图2-8）是德国库卡公司设在中国的全资子公司，成立于2000年，是世界上顶级工业机器人制造商之一。该公司工业机器人的年产量超过15 000台，至今在全球已安装了150 000台工业机器人。库卡可以提供负载量为3～1300kg的标准工业6轴机器人及一些特殊应用的机器人，机械臂工作半径为*R*635～*R*3900mm，全部由一个基于工业PC平台的控制器控制，操作系统采用Windows XP软件。

图2-8　库卡机器人（上海）有限公司

公司地址：____。

公司网址：____。

主要产品：____

____

____

____

____。

（3）美国模式　美国模式即采购与成套设计相结合。美国国内基本不生产普通工业机器人，企业需要的机器人通常通过进口，再自行设计制造配套的外围设备。你能通过网络查找近年来美国进口工业机器人的数据吗？

____

____

____

____

____。

2. 你知道我国的“高技术研究发展计划（863 计划）”吗？这一计划使国内的工业机器人企业得到了政府的大力扶持。

1）沈阳新松机器人自动化股份有限公司（简称新松公司）（图 2-9）是由机器人技术国家工程研究中心于 1999 年实施部分转制，由中国科学院沈阳自动化研究所作为主发起人投资组建的高技术公司，是国家“863 计划智能机器人产业化基地”和国家科技部命名的“国家高技术研究发展计划成果产业化基地”，也是原国家计划委员会命名的“机器人国家工程研究中心”。

图 2-9　沈阳新松机器人自动化股份有限公司

公司地址：____。

公司网址：____。

主要产品：____

____

____。

2）广州数控设备有限公司（GSK）（图 2-10）。中国南方数控产业基地，广东省 20 家重点装备制造企业之一，国家 863 重点项目《中档数控系统产业化支撑技术》承担企业。

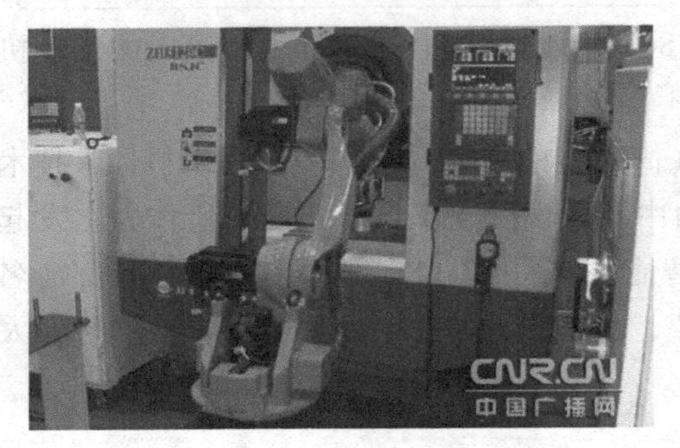

图 2-10　广州数控设备有限公司

公司地址：________________________________。

公司网址：________________________________。

主要产品：________________________________

____

____。

3. 除了以上介绍的工业机器人生产企业外，世界上还有哪些工业机器人生产企业？请写出它们的名称。

____

____

____

____

____

____。

4. 工业机器人是先进制造业中不可替代的重要装备和手段，也是衡量一个国家制造业水平和科技水平的重要标志。我国已经是世界公认的制造业大国，但随着劳动力成本的不断提高，经济发展模式必须进行调整，自动化生产、高科技产业是必经之路。中国工业机器人应用应该发展哪种模式呢？请谈谈你的看法。

____

____

____

____

____

____

____________。

引导问题 伴随着工业机器人应用的飞速发展，涌现了很多机器人系统集成商，它们对产业经济的转型和升级起到了什么作用？

机器人 CNC 自动化系统由工业机器人、数控机床和夹具等非标设备组成，如图 2-11 所示，这些设备的有机整合大大地提升了生产效率。

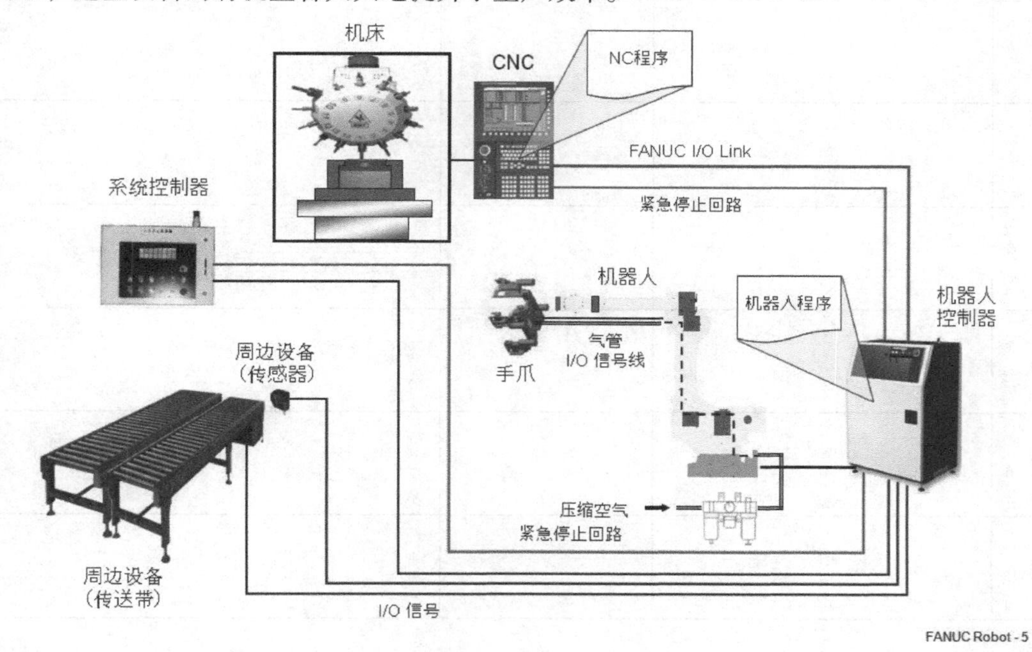

图 2-11　CNC 自动化系统的基本构成

1. 工业机器人生产商为工业生产提供了各种各样的机器人，但只有机器人本体和控制柜是无法实现生产的，它必须与周边设备搭建起来形成自动化系统才能真正执行生产任务。在这过程中工业机器人系统集成商的作用是什么？

____

____

____

____

____________。

2. 国内的工业机器人系统集成商有哪些？请收集它们的信息，填入表2-1，并留意其所属区域。如果有需要，你可以咨询你的老师，或者通过其他渠道获取帮助。

表2-1 机器人系统集成商

序号	公司名称	地区/地址	主要业务
1	佛山市利迅达机器人系统有限公司	广东佛山	机器人抛光打磨及其他表面处理
2	珠海汉迪自动化设备有限公司	广东珠海	工业机器人系统开发应用，自动化设备的设计研发，以及提供相关的机器人系统技术和系统服务
3			
4			
5			
6			
7			
8			
填写人（签名）：			年　月　日

引导问题 工业机器人除了广泛应用于汽车及汽车零部件制造业外，还广泛应用于机械加工、电子电气和塑料化工等行业中。这些行业分别有哪些典型的企业？

1969 年，美国通用汽车公司用 21 台工业机器人组成了焊接轿车车身的自动生产线，拉开了工业机器人在制造业中应用的序幕，它既可以代替人在恶劣的环境下工作，又可以帮助完成单调、繁重的任务。

1. 汽车及汽车零部件制造业

1）广汽本田焊接车间（图 2-12）：

图 2-12 广汽本田焊接车间

2）宝马沈阳工厂（图 2-13）：

图 2-13 宝马沈阳工厂

2. 机械加工业

济南重汽（图 2-14）：

图 2-14　济南重汽

3. 电子电气

富士康科技集团（图 2-15）：

图 2-15　富士康科技集团

4. 化工行业

齐鲁石化橡胶厂（图 2-16）：

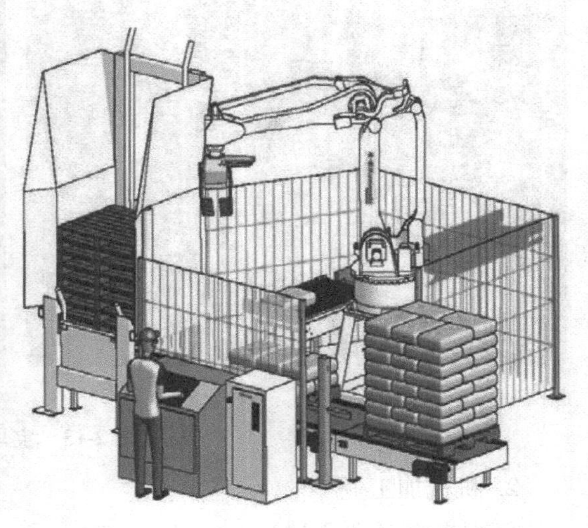

图 2-16　齐鲁石化橡胶厂

5. 其他行业。

请在表 2-2 中列出你知道的工业机器人其他应用领域（行业）及企业名称。

表 2-2　其他应用领域（行业）及企业名称

应用领域（行业）	企业名称	地址
填写人（签名）：		年　　月　　日

第二部分　计划与实施

一、确定调研企业

引导问题　你了解的工业机器人三种类型的企业有哪些？

作为工业机器人应用与维护专业的学生，需要对本专业对口服务的企业有所了解，为接下来的专业学习和就业做好准备。请根据你现有的信息从工业机器人生产商、工业机器人系统集成商和工业机器人最终用户这三种类型企业当中挑选其中的一两个代表进行深入了解，并完成表 2-3。

表 2-3　企业信息登记表

企业类型	公司名称	主要业务和产品	联系人及电话
工业机器人生产商			
工业机器人系统集成商			
工业机器人应用用户			
填写人（签名）：			年　　月　　日

二、制订认知工作计划

引导问题 你如何制订你的企业认知工作计划?

为了全面而有效地了解工业机器人企业的情况，建议先制订一个企业认知工作计划来实现这个目标。

1. 网络查询

1）该方法的优、缺点分别是什么?

2）你计划了解哪个企业？实施过程中需要注意什么?

2. 电话调研

电话调研指的是调查者按照统一问卷，通过电话向被访者提问，并笔录答案的调研方式。

1）该方法的优、缺点分别是什么?

2）你计划了解哪个企业？实施过程中需要注意什么?

3. 现场参观调研

1）该方法的优、缺点分别是什么?

2）你计划了解哪个企业？实施过程中需要注意什么？

3）现场参观访问前必须做好分工（表2-4）。你在小组内主要负责什么工作？你打算如何更好地完成它？

表2-4　分工表

	第一组	第二组	第三组	第四组
名单				
填写人（签名）：				年　　月　　日

提示：企业现场参观调研需要提前与企业进行沟通，明确联系人、参观时间、地点及交通方式，并制订本次调研的目的和调研提纲，如果有需要还应制作调查问卷。

4）请完成企业访谈问卷。

机器人生产商/（系统集成商）/（最终客户）企业访谈问卷

姓名：　　　　　　　　　学号：　　　　　　　　　　日期：

引导问题 你的企业认知工作计划有遗漏的内容吗？

计划制订完成后，请再次梳理你的计划，检查是否有遗漏的内容。如果有请说明，并向老师汇报你的计划。

三、实施企业认知工作计划

引导问题 你了解工业机器人企业的工作环境吗？

良好的工作环境可以提高员工的工作效率和产品的质量，同时可以保障员工的身体健康，这是所有企业及其员工都应共同创造和维护的。你了解工业机器人企业的工作环境吗？请列出你所参观的公司的企业组织结构图。

提示：企业组织结构图是企业组织结构的直观反映，是最常见的表现雇员、职称和群体关系的图表，它形象地反映了组织内各机构、各岗位之间的关系。

引导问题 你所参观的企业的企业文化是什么？

企业文化就是在企业中形成的某种文化观念和历史传统，它包括共同的价值准则、道德规范和生活信息，并将各种内部力量统一于共同的指导思想和经营哲学之下，汇聚到一个共同的方向。你所参观的公司的企业文化是什么？

引导问题 你认为你所参观的公司的优势在哪里？

企业没有大小，只有强弱，你认为你所参观的公司的优势是什么？

引导问题 在你所参观的企业中，你能否谋求到你想得到的职位？

你觉得毕业后，你能在这个企业中谋求到职位吗？你最感兴趣的岗位是哪个？为什么？该岗位对人才的能力需求有哪些？你也许可以从企业管理人员那里寻求帮助。

引导问题 你能否阐述一个你看到的工业机器人典型应用案例？

在现场参观过程中，你对哪个工业机器人应用案例印象最深刻？你知道它为企业生产提供了怎样的帮助吗？它的意义何在？能否为企业带来利润？企业员工（包括管理人员和技术人员）也是这样认为吗？

第三部分 评价与反馈

一、撰写报告

引导问题 现在你对工业机器人三种类型企业有所了解了吗？

请同学们再写一篇关于工业机器人企业情况的报告，并粘贴在下面空白处。

粘

贴

处

二、报告审阅

引导问题　你的企业认知报告完整科学吗？

1. 工业机器人企业认知有时间和地域的限制，请再次阅读你的企业认知报告，并填写表2-5。

表2-5　企业认知报告评价

1	选择的企业具体代表性	□是　□否
2	引用不同企业的共性观点，并说明信息来源	□是　□否
3	观察到的实际情况与企业人员的观点不一致	□是　□否
4	报告包含所有工业机器人行业企业	□是　□否

2. 完成本任务后，请对学习过程和结果进行评价和总结，填写评价反馈表（表2-6、表2-7和表2-8）。

表2-6　自我评价表

序号	评价内容	满意度	不满意的原因
1	学习活动的参与程度	□很满意　□满意　□一般　□不满意	
2	注意安全、服从管理	□很满意　□满意　□一般　□不满意	
3	分工合理，能完成自己的任务	□很满意　□满意　□一般　□不满意	
4	工作页的填写情况	□很满意　□满意　□一般　□不满意	
5	与企业人员有效交流，有礼貌	□很满意　□满意　□一般　□不满意	
6	对工业机器人企业的了解	□很满意　□满意　□一般　□不满意	
7	企业认知报告的质量	□很满意　□满意　□一般　□不满意	
8	在工作中的表现	□很满意　□满意　□一般　□不满意	
小计满意项目总数： 自评人签名：＿＿＿＿＿＿＿＿　日期：			
你觉得自己的表现还有改进的空间吗？如果有，请在下面写明存在的问题和改进措施。（提示：找到不足，并改进，会让你成长得更快，这是成功的必经之路）			

表2-7 小组互评表

序号	评价内容	满意度	不满意的原因
1	积极参与，按时完成任务	□很满意 □满意 □一般 □不满意	
2	语言规范，尊重他人	□很满意 □满意 □一般 □不满意	
3	积极主动，注重团队	□很满意 □满意 □一般 □不满意	
4	服从组长、老师及企业人员的安排	□很满意 □满意 □一般 □不满意	
5	对工业机器人企业的了解	□很满意 □满意 □一般 □不满意	
6	工业机器人企业认知报告的质量	□很满意 □满意 □一般 □不满意	
7	遵守企业的安全管理规定	□很满意 □满意 □一般 □不满意	

小计满意项目总数：____________

评价人签名：________________________ 日期：________________

你觉得____________同学的表现还有改进的空间吗？如果有，请在下面写明存在的问题和改进建议。（提示：成就别人，也是成就自己）

表 2-8　教师评价表

序号	评价内容	满意度	不满意的原因
1	积极参与	□很满意　□满意　□一般　□不满意	
2	语言规范，沟通良好	□很满意　□满意　□一般　□不满意	
3	着装规范，服从管理	□很满意　□满意　□一般　□不满意	
4	与同学们相处的融洽程度	□很满意　□满意　□一般　□不满意	
5	在完成学习任务中的作用	□很满意　□满意　□一般　□不满意	
6	工作页填写完整、正确	□很满意　□满意　□一般　□不满意	
7	企业反馈情况	□很满意　□满意　□一般　□不满意	
8	报告的内容丰富，结构完整	□很满意　□满意　□一般　□不满意	
小计满意项目总数：____________			
教师签名：________________________		日期：________________________	
其他问题及改进建议：			

三、学习拓展

引导问题　请列出 2012 年世界著名的工业机器人品牌及其全球市场所占的份额。

任务3　工业机器人应用与维护专业认知

任务目标

1. 能够分析并诠释专业认知的要求。
2. 能够制订专业认知的工作计划。
3. 能够叙述专业人才的培养目标。
4. 能够表述课程的结构。
5. 能够表述各门课程的课程目标。
6. 能够简单介绍各类实训设备。

建议学时

6 学时。

内容结构

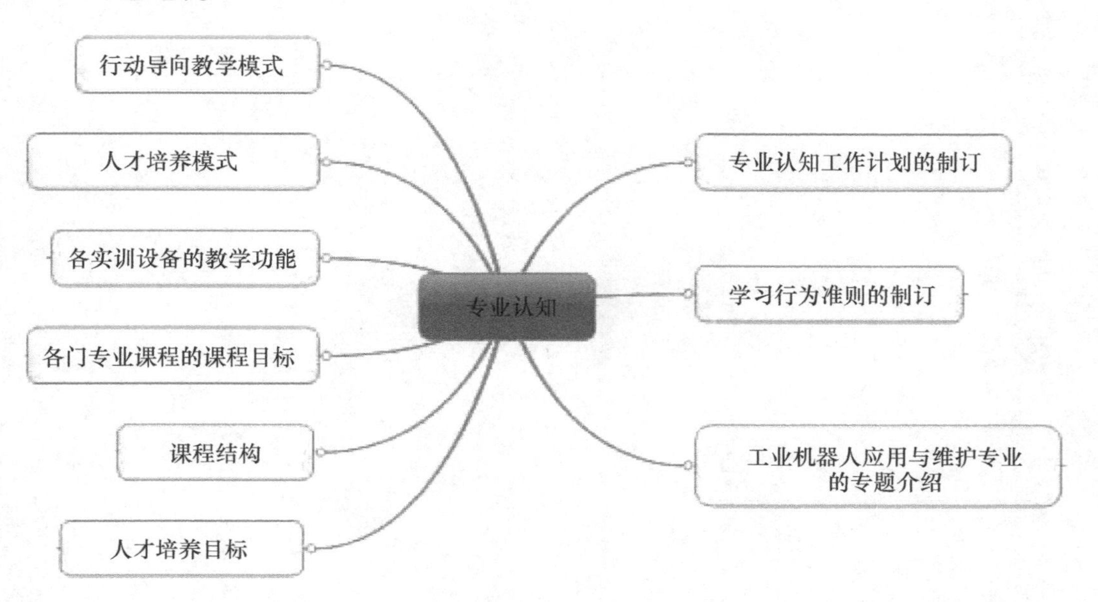

任务描述

通过查阅《机电一体化专业（工业机器人应用与维护方向）人才培养方案》，咨询老师，以及参观实训场地等手段，认识专业培养目标、课程体系、实训设备，明确后续的学习计划，收集并整理资料，形成工业机器人应用与维护专业的专题报告。

第一部分　任 务 准 备

熟读《工业机器人应用与维护人才培养方案》。

引导问题　你知道人才培养方案是什么吗？它在专业教学、人才培养中起着什么作用？

第二部分 计划与实施

一、制订工作计划

引导问题 工作快要开始了，你组建好团队了吗，制订工作计划了吗？

请在空白处列出你的工作计划，并在表3-1写明团队成员及其工作安排。

表 3-1　分工安排表

序号	工作内容	负责人	备注
1			（组长是谁呀?）
2			
3			
4			
5			
6			
7			
8			
9			
10			

二、实施工作计划

引导问题　通过学习了《机电一体化专业（工业机器人应用与维护方向）人才培养方案》，你是否已经了解工业机器人应用与维护专业的人才培养目标、课程体系及各门课程的课程目标？

1. 请说明工业机器人应用与维护专业的人才培养目标、课程体系及各门课程的课程目标。

1）人才培养目标。

2）课程体系（表3-2）。

表3-2　课程体系

公共基础课	
一般专业课	
专业核心课程	
专业拓展课程	

3）专业课的课程目标（表3-3）。

表3-3　专业课的课程目标

课程种类	课程名称	课程目标	备注
一般专业课程			

（续）

课程种类	课程名称	课程目标	备注
一般专业课程			

（续）

课程种类	课程名称	课程目标	备注
专业核心课程			

引导问题 通过学习《机电一体化专业（工业机器人应用与维护方向）人才培养方案》，你是否已经了解了工业机器人应用与维护专业的实训设备情况？

1. 你参观过工业机器人应用与维护专业人才培养实训场地吗？了解了工业机器人应用与维护专业人才培养的实训设备吗？请完善实训设备信息表（表3-4）。

表3-4 实训设备信息表

序号	实训设备	数量	教学功能	备注
1				
2				
3				
4				
5				
6				
7				
8				
9				
10				
11				
填表人：			日期： 年 月 日	

引导问题 在我校还有一个工作室，即工业机器人应用技术联合开发中心。你了解过这个工作室吗？

1. 请根据你了解的情况，描述工业机器人应用技术联合开发中心的功能。

2. 你认为要怎样才能参与工业机器人应用技术联合开发中心的项目工作？

引导问题 你了解“做中学、干中学、研中学”的专业人才培养模式吗？请根据下面的问题描述你对“任务 3”的认识。

1. 职业成长规律是职业人才培养的基本原则，你了解工业机器人应用与维护行业的职业成长规律吗？

2. “任务 3”之做中学的内涵什么？要达成何目标？主要的实施场地在哪里？

3. “任务 3”之干中学的内涵什么？要达成何目标？主要的实施场地在哪里？

4. “任务 3”之研中学的内涵什么？要达成何目标？主要的实施场地在哪里？

引导问题　你了解“行动导向”教学模式吗？从自身考虑，如何学好这门课呢？

1. 工业机器人应用与维护专业教学以“行动导向”教学模式为主，教学过程以学生为中心。学生在本书的引导下，参照企业的工作情境和任务的工作步骤，通过咨询老师，查找资料，团队分工合作，共同完成学习任务。在工作中培养学生的综合职业能力。请根据你对“行动导向”教学模式的了解，制订你后续的学习计划（表 3-5），保证后续的学习效果（如果空间不够，内容可通过附加页形式粘贴在附加页粘贴处的背面）。

表 3-5　学习计划

序号	行为准则	使用场合	相关人员	备注

学习计划

附加页粘贴处

学习计划

附加页粘贴处

引导问题　如何向别人介绍工业机器人应用与维护专业呢？

1. 工业机器人应用与维护是个非常好的专业，为更好地发挥该专业培养工业机器人应用型人才的作用，建议你制作一个 PPT 或作一个报告向你身边的人介绍工业机器人应用与维护专业。

1）在制作专业介绍 PPT 或报告之前，请把大纲列在下方空白处。

2）专业介绍 PPT 或报告完成了吗？请打印你的专业介绍 PPT 或报告，通过附加页的形式粘贴在专业介绍 PPT 或报告粘贴处。

专业介绍课件
/专业介绍报告
附加页粘贴处

第三部分 评价与反馈

一、工作总结

引导问题 你是否已经了解了工业机器人应用与维护专业了?

1. 通过对工业机器人应用与维护专业的认知，请反思选择工业机器人应用与维护专业的目标，填写表3-6。

表3-6 认知报告评价

1	对《机电一体化专业（工业机器人应用与维护方向）人才培养方案》是否熟悉	□是 □否
2	对“任务3”专业人才培养模式是否熟悉	□是 □否
3	对工业机器人应用与维护的实训设备是否熟悉	□是 □否
4	对“行动导向”教学模式的理念是否熟悉	□是 □否

2. 你对自己在专业认知任务中的表现及组内成员的表现满意吗？请在表3-7中给自己的表现打分。

表3-7 自我评价表

序号	评价内容	满意度（满意请打“√”）	备注
1	学习活动的参与程度		
2	语言的规范程度		
3	小组分工的合理性（不满意，请在备注栏写明原因）		
4	与同学们相处的融洽程度		
5	在任务中的作用（在备注栏写明具体作用）		
6	工作页的完成情况（未完成，在备注栏写明原因）		
7	对机电一体化专业（工业机器人应用与维护方向）人才培养方案的理解（在备注栏写明欠缺部分）		

（续）

序号	评价内容	满意度（满意请打“√”）	备注
8	对“任务3”人才培养模式的理解		
9	对“行动导向”教学模式的理解		
10	学习行为准则的质量		
11	专业介绍PPT或报告的质量		
小计满意项目总数：______ 自评人签名：______ 日期：______			
你表现自己的觉得还有改进的空间吗？如果有，请在下面写明存在的问题和改进措施。（提示：找到不足，并改进，会让你成长更快，这是成功的必经之路）			

3. 世上没有完美的人，但有完美的团队，具有良好的团队精神是每个成功人士必备的！你想了解团队其他成员对你的评价，帮助你找到不足，助力你更快成长吗？请组长安排队友帮帮你！完成表3-8。

表3-8　小组内互评表

序号	评价内容	满意度（满意请打“√”）	备注
1	学习活动的参与程度		
2	语言的规范程度		
3	小组分工的合理性 （若不满意，请在备注栏写明原因）		
4	与同学们相处的融洽程度		

（续）

序号	评价内容	满意度（满意请打“√”）	备注
5	在完成学习任务中的作用（在备注栏写明具体作用）		
6	工作页的完成情况（若未完成，请在备注栏写明原因）		
7	对人才培养方案的理解（在备注栏写明欠缺部分）		
8	对“任务3”人才培养模式的理解		
9	对“行动导向”教学模式的理解		
10	学习计划的质量		
11	专业介绍PPT或报告的质量		

小计满意项目总数：____________

评价人签名：________________________　　日期：________________________

你觉得____________同学的表现还有改进的空间吗？如果有，请在下面写明存在的问题和改进建议。（提示：成就别人，也是成就自己）

4. 你想知道老师对你的评价吗？见表3-9。

表3-9　教师评价表

序号	评价内容	满意度 （满意请打“√”）	备注
1	学习活动的参与程度		
2	语言的规范程度		
3	小组分工的合理性		
4	与同学们相处的融洽程度		
5	在任务中的作用		
6	工作页的完成情况		
7	对人才培养方案的理解		
8	对“任务3”人才培养模式的理解		
9	对“行动导向”教学模式的理解		
10	学习计划的质量		
11	专业介绍PPT或报告的质量		
小计满意项目总数：________ 教师签名：________　日期：________			
其他问题及改进建议：			

二、学习拓展

引导问题　《机电一体化专业（工业机器人应用与维护方向）人才培养》有哪些需要补充的吗？

任务4　职业生涯规划

任务目标

1. 在老师的指导下，完成一次霍兰德职业倾向测评。

2. 通过小组合作的方式，制订个人的职业生涯规划。

3. 通过咨询老师或查询网络，收集工业机器人企业的专家信息，并邀请专家来校做讲座。

4. 通过小组合作的方式，完成一次专家讲座会务工作。

5. 通过聆听专家的讲座，结合自身实际，完成个人的工业机器人职业生涯规划。

建议学时

6学时。

内容结构

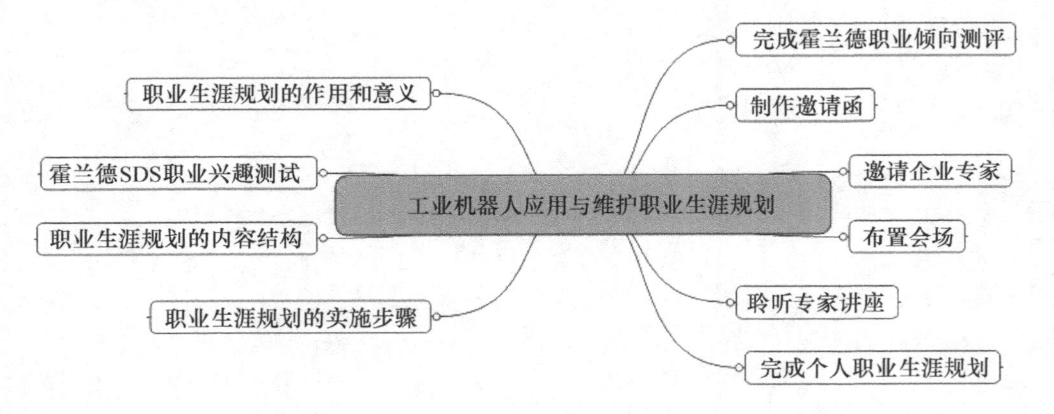

任务描述

在教师的指导下，制订个人的职业生涯规划。通过小组讨论，确定邀请的专家和讲座的方式。在聆听专家讲座后，参考专家的意见，结合自身性格、兴趣和特长，制订个人的职业生涯规划，逐渐建立对工业机器人应用行业的职业认同感。

第一部分 任务准备

职业倾向测评——霍兰德职业兴趣理论

约翰·霍兰德（John Holland）是美国约翰·霍普金斯大学心理学教授，美国著名的职业指导专家。他于1959年提出了具有广泛社会影响的职业兴趣理论。该理论认为，人的人格类型、兴趣与职业密切相关。兴趣是人们活动的巨大动力，凡是具有职业兴趣的职业，都可以提高人们的积极性，促使人们积极地、愉快地从事该职业，且职业兴趣与人格之间存在很高的相关性。霍兰德认为，人格可分为现实型、研究型、艺术型、社会型、企业型和常规型6种类型。

引导问题 你知道职业生涯规划的作用吗？

什么是职业生涯规划是？你听说过职业生涯规划吗？在回答这个问题之前，请你先完成下面的问题。

1. 你的兴趣是什么？

2. 你曾经想成为什么样的人？

3. 你对哪些知识比较有兴趣？

4. 如果你还不是很清楚自己的兴趣，你可以去做一下霍兰德职业倾向测评，并记录下来。

5. 你的性格适合做什么？不同的工作和岗位，适合不同性格的人去做。认清楚自己的性格是非常重要的一步。你同样可以去做一下 DISC 性格测评，把测评结果记录下来。

6. 职业生涯规划是指个人和组织相结合，在对一个人职业生涯的主客观条件进行测定、分析、总结研究的基础上，对自己的兴趣、爱好、能力、特长、经历及不足等各方面进行综合分析与权衡，结合时代特点，根据自己的职业倾向，确定其最佳的职业奋斗目标，并为实现这一目标做出行之有效的安排。这个安排包括一个人的学习与成长目标，以及对一项职业和组织的贡献和成就的期望。它的作用和意义是什么？

引导问题　你对自己未来的职业有什么设想？

许多职业咨询机构和心理学专家在进行职业咨询和职业规划时常常采用的 5 个“W”的思考的模式，即从问自己是谁开始，然后顺着问下去，共有 5 个问题。

1. Who am I？（我是谁？）

2. What will I do？（我想做什么？）

3. What can I do？（我会做什么？）

4. What does the stituation allow me to do？（环境支持或允许我做什么？）

5. What is the plan of my career and life？（我的职业与生活规划是什么？）

第二部分 计划与实施

一、制订职业生涯规划

引导问题 如何规划自己的职业生涯?

职业生命是有限的，如果不进行有效的规划，势必会造成生命和时间的浪费。作为工业机器人应用人才，若是带着一脸茫然踏入这个拥挤的社会，怎能满足社会的需要，使自己占有一席之地？因此，试着为自己拟订一份职业生涯规划，将自己的未来好好地设计一下。有了目标，才会有动力。

1. 职业生涯规划书包含什么内容？请制订职业生涯规划书模板。

职业生涯规划书模板：

2. 虽然我们尚未踏上工作岗位，对工业机器人这个行业的具体工作还不太熟悉，但在这个领域中有许多杰出的人士，让我们邀请其中一位专家来校开讲座，或许从他的成长经历中我们可以得到重要的启示。

1）成员分工表（表4-1）。

表4-1　分工表

第______组分工表：		
姓名	工作安排	备注
填写人（签名）：		年　　月　　日

二、邀请专家讲座

引导问题　如何制作邀请函？

1. 请把你制作的邀请函粘贴在下面空白处。

粘
贴
处

粘
贴
处

2. 请仔细聆听专家的讲座，认真做好记录，并对本次讲座做小结。

提示：从会务工作、学习体会等方面进行描述。

三、自我分析

引导问题　你了解自己吗?

请从自身的性格、兴趣、知识、技能和优劣势等方面进行分析。

四、职业分析

引导问题　哪些因素会对你的职业生涯产生影响?

个人的发展离不开环境因素的影响，请对影响职业选择的相关外部环境进行分析（职业分析）。

1. 家庭环境分析。

如经济状况、家人期望、家乡文化等。

2. 学校环境分析。

如学校特色、专业学习、实践条件等。

3. 社会环境分析。

如就业形势、就业政策、社会对专业的认可度等。

4. 职业环境分析。

如行业现状及发展趋势、就业前景、工作环境、企业文化等。

5. 职业分析小结。

引导问题 你的职业定位是什么？

现在你对自己的职业定位是否已经有了答案？请根据自我分析、职业分析两部分的内容确定自己的职业定位。

1. 职业目标：将来从事________行业的________职业。

2. 职业发展策略：进入________类型的组织（企业）/到________地区发展。

3. 职业发展路径：走________（技术/专家/管理）路线等。

4. 具体路径：________员→初级________→中级________→高级________。

5. 其他：____。

五、实施计划

引导问题 你知道怎样设计你的职业生涯吗？

请完成你的职业生涯规划（表4-2）。

表4-2 职业生涯规划

计划名称	时间跨度	总目标	分目标	计划内容	策略和措施	备注
短期规划（三年计划）						
中期规划（毕业后五年计划）						
长期规划（毕业后十年或以上计划）						
填写人（签名）：						年 月 日

引导问题　如何撰写结束语为自己加油？

请根据你的职业生涯规划为自己加油！

计划宏大固然美好，但更重要的在于其具体实践并取得成效。

引导问题　如何撰写你的职业生涯规划？

职业生涯规划是我们事业通向成功的必备条件，你的职业生涯规划完成了吗？请把它粘贴在下面空白处。

粘
贴
处

粘
贴
处

第三部分　评价与反馈

引导问题　如何有效监控你的职业生涯发展？

1. 影响职业生涯规划的因素很多，有些变化因素是可以预测的，而有些变化因素难以预测。在此状态下，要使职业生涯规划行之有效，就必须不断地对职业生涯规划的执行情况进行评估。

1）评估内容。

①职业目标评估。

②职业路径评估。

③实施策略评估。

④其他因素评估。

2）评估的时间。

3）规划调整的原则。

2. 请根据本次任务的完成情况填写评价表（表 4-3、表 4-4 和表 4-5）。

表 4-3 自我评价表

序号	评价内容	满意度	不满意的原因
1	完成职业倾向测评	□很满意 □满意 □一般 □不满意	
2	积极参与	□很满意 □满意 □一般 □不满意	
3	认真聆听讲座，有收获	□很满意 □满意 □一般 □不满意	
4	服从安排，能完成自己任务	□很满意 □满意 □一般 □不满意	
5	工作页的填写情况	□很满意 □满意 □一般 □不满意	
6	与企业专家有效交流，有礼貌	□很满意 □满意 □一般 □不满意	
7	对职业生涯规划的认识	□很满意 □满意 □一般 □不满意	
8	工业机器人职业生涯规划书的质量	□很满意 □满意 □一般 □不满意	

（续）

小计满意项目总数： 自评人签名：＿＿＿＿＿＿＿＿＿＿＿＿＿＿＿＿　　日期：
你觉得自己的表现还有改进的空间吗？如果有，请在下面写明存在的问题和改进措施。（提示：找到不足，并改进，会让你成长更快，这是成功的必经之路）

表 4-4　小组互评表

序号	评价内容	满意度	不满意的原因
1	积极参与，按时完成任务	□很满意　□满意　□一般　□不满意	
2	语言规范，尊重他人	□很满意　□满意　□一般　□不满意	
3	主动协助他人	□很满意　□满意　□一般　□不满意	
4	服从组长、老师的安排	□很满意　□满意　□一般　□不满意	
5	提出有效的建议	□很满意　□满意　□一般　□不满意	
6	工业机器人职业生涯规划的质量	□很满意　□满意　□一般　□不满意	
小计满意项目总数：＿＿＿＿＿＿ 评价人签名：＿＿＿＿＿＿＿＿＿＿＿＿　　日期：＿＿＿＿＿＿＿＿＿＿			
你觉得＿＿＿＿＿＿同学的表现还有改进的空间吗？如果有，请在下面写明存在的问题和改进建议。（提示：成就别人，也是成就自己）			

表4-5　教师评价表

序号	评价内容	满意度	不满意的原因
1	积极参与	□很满意　□满意　□一般　□不满意	
2	语言规范，沟通良好	□很满意　□满意　□一般　□不满意	
3	着装规范，服从管理	□很满意　□满意　□一般　□不满意	
4	与同学们相处的融洽程度	□很满意　□满意　□一般　□不满意	
5	在任务中的作用	□很满意　□满意　□一般　□不满意	
6	工作页的填写完整、有效	□很满意　□满意　□一般　□不满意	
7	专家的反馈情况	□很满意　□满意　□一般　□不满意	
8	职业生涯规划结构完整，有质量	□很满意　□满意　□一般　□不满意	
小计满意项目总数：____________			
教师签名：________________________		日期：________________________	
其他问题及改进建议：			

参考文献

[1] 陈佩云 . 我国工业机器人技术发展的历史、现状与展望［J］. 北京：机器人技术与应用，1994（5）.

[2] 徐方 . 工业机器人产业现状与发展［J］. 北京：机器人技术与应用，2007（5）.

[3] 王来顺 . 霍兰德职业选择理论及其现实运用［J］. 长沙：求索，2009（7）.

[4] 孙志杰，王善军，张雪鑫 . 工业机器人发展现状与趋势［J］. 长春：吉林工程技术师范学院学报，2011（7）.

[5] 柳鹏 . 我国工业机器人发展及趋势［J］. 北京：机器人技术与应用，2012（5）.

[6] 鲁棒 . 全球机器人市场统计数据分析［J］. 北京：机器人技术与应用，2012（1）.

[7] 张澜 . 霍兰德职业人格与大学生职业选择新探［J］. 北京：人民论坛，2012（36）.

[8] 顾硕 . ABB 机器人深入了解客户，主打柔性生产［J］. 北京：自动化博览，2013（2）.